# Welcome!

Thank you for choosing Page A Day Math, a great way to introduce essential math basics and writing numbers. Page A Day Math books help your child develop a solid math foundation through daily step-by-step practice, repetition, and of course, the friendly Math Squad!

How to Use This Book
1. Student traces and solves each problem, completing a page a day, front and back.
2. Parent checks answers and circles incorrect problems.
3. Student corrects errors.
4. Student colors in achievement stars each day when finished!

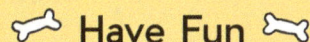 Have Fun

Copyright © 2017 by Page A Day Math. All rights reserved. Published by Page A Day Math LLC. Page A Day Math with the Math Squad is a trademark of Page A Day Math. Page A Day Math and Page A Day Math with the Math Squad and all associated logos are trademarks and/or registered trademarks of Page A Day Math LLC.

ISBN – 978-1-947286-09-2

No part of this publication may be reproduced, stored in a retrieval system, or transmitted in any form or by any means, electronic, mechanical, photocopying, recording, or otherwise, without written permission from the publisher. For information regarding permission, write to Page A Day Math, Attention: Permission Department, 6890 E Sunrise Dr. Suite 120-203, Tucson, AZ 85750. Created and written by Janice Auerbach.

Getting Started

This book belongs to _____

Dear Super Hero Math Student,

You can be a Math Squad Super Hero like Flo, Jo, Bo, Zo, and me! Practice every day and you'll be a math star too!

P.S. Check out what my math buddies and I are up to in the Math Squad Monthly at www.PageADayMath.com.

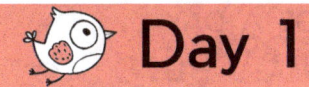 **Day 1**

Count ➡

Learn ➡ 0 + 10 = 10

Trace ➡ 0 + 10 = 10

Copy ➡ ☐ + ☐ = ☐

Bo says, "Practice and be a math star like me!"

1) 0 + 10 =

2) 10 + 0 =

3) 9 + 9 =

4) 7 + 7 =

5) 0 + 10 =

6) 6 + 6 =

7) 4 + 4 =

8) 10 + 0 =

9) 5 + 5 =

10) 8 + 8 =

 # Day 1

Wow, you are learning fast. Here are a few more. Yay!

11) 0 + 10 = 18) 5 + 8 =

12) 9 + 9 = 19) 5 + 6 =

13) 3 + 8 = 20) 8 + 6 =

14) 9 + 7 = 21) 0 + 10 =

15) 10 + 0 = 22) 3 + 9 =

16) 4 + 8 = 23) 7 + 8 =

17) 6 + 9 = 24) 6 + 3 =

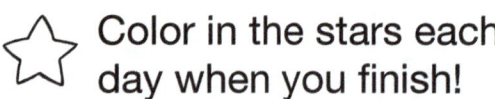 Color in the stars each day when you finish!

Day 2

Count ➪ ⋯ + ⋯ = ⋯

Learn ➪ 1 + 10 = 11

Trace ➪ 1 + 10 = 11

Copy ➪ ☐ + ☐ = ☐

You are on your way to success! Try these!

1) 1 + 10 = ☐   6) 9 + 4 = ☐

2) 10 + 1 = ☐   7) 8 + 3 = ☐

3) 2 + 9 = ☐   8) 1 + 10 = ☐

4) 9 + 5 = ☐   9) 3 + 9 = ☐

5) 10 + 1 = ☐   10) 8 + 2 = ☐

Day 2

You are coming along. Practice makes perfect!

11) 1 + 10 =

12) 2 + 4 =

13) 4 + 3 =

14) 10 + 1 =

15) 4 + 4 =

16) 4 + 5 =

17) 10 + 0 =

18) 6 + 6 =

19) 6 + 7 =

20) 5 + 5 =

21) 1 + 10 =

22) 5 + 6 =

23) 7 + 7 =

24) 7 + 8 =

 Color in the stars each day when you finish!

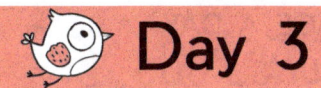 # Day 3

Count ⇨

Learn ⇨ 2 + 10 = 12

Trace ⇨ 2 + 10 = 12

Copy ⇨ ☐ + ☐ = ☐

Wow! Keep going. You've got it.

1) 2 + 10 = ☐

2) 10 + 2 = ☐

3) 9 + 9 = ☐

4) 8 + 7 = ☐

5) 2 + 10 = ☐

6) 9 + 8 = ☐

7) 9 + 4 = ☐

8) 2 + 9 = ☐

9) 3 + 7 = ☐

10) 3 + 6 = ☐

© 2017 Page A Day Math, LLC

Day 3

Alright! Now review what you have learned. Try these.

11) 2 + 10 =
12) 4 + 4 =
13) 10 + 1 =
14) 9 + 7 =
15) 10 + 2 =
16) 5 + 4 =
17) 7 + 4 =

18) 9 + 9 =
19) 2 + 10 =
20) 8 + 5 =
21) 1 + 10 =
22) 7 + 5 =
23) 4 + 0 =
24) 0 + 10 =

 Color in the stars each day when you finish!

Day 4 Review

Practice makes perfect. That's right!

1) 1 + 9 =
2) 6 + 7 =
3) 7 + 9 =
4) 6 + 10 =
5) 3 + 2 =
6) 9 + 3 =
7) 9 + 9 =

8) 8 + 1 =
9) 8 + 9 =
10) 9 + 6 =
11) 6 + 8 =
12) 6 + 4 =
13) 8 + 7 =
14) 4 + 1 =

 # Day 4 Review

Keep practicing! You are getting better each day. Woof!

15) 4 + 3 =
16) 9 + 10 =
17) 3 + 3 =
18) 6 + 10 =
19) 7 + 9 =
20) 9 + 5 =
21) 2 + 10 =

22) 5 + 10 =
23) 7 + 4 =
24) 10 + 1 =
25) 8 + 6 =
26) 7 + 8 =
27) 9 + 6 =
28) 4 + 9 =

 Color in the stars each day when you finish!

Day 5

Count ➡ ▭▭ + ▭▭▭ ▭▭ = ▭▭▭ ▭▭▭

Learn ➡ 3 + 10 = 13

Trace ➡ 3 + 10 = 13

Copy ➡ ☐ + ☐ = ☐

You are doing so well. Keep it up. Terrific!

1) 3 + 10 = ☐   6) 2 + 10 = ☐

2) 10 + 3 = ☐   7) 9 + 6 = ☐

3) 2 + 10 = ☐   8) 3 + 10 = ☐

4) 7 + 8 = ☐   9) 10 + 1 = ☐

5) 3 + 10 = ☐   10) 2 + 7 = ☐

© 2017 Page A Day Math, LLC

Day 5

You are getting better each day. Woof! Yippee.

11) 3 + 10 =

12) 6 + 4 =

13) 8 + 9 =

14) 7 + 7 =

15) 3 + 2 =

16) 5 + 8 =

17) 9 + 4 =

18) 4 + 5 =

19) 9 + 6 =

20) 3 + 8 =

21) 10 + 2 =

22) 7 + 6 =

23) 2 + 9 =

24) 7 + 1 =

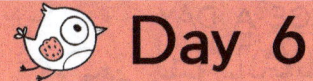 # Day 6

Count ⇨

Learn ⇨ 4 + 10 = 14

Trace ⇨ 4 + 10 = 14

Copy ⇨ ☐ + ☐ = ☐

Bo says, "Try these...woof...go for it!"

1) 4 + 10 = ☐
2) 10 + 4 = ☐
3) 2 + 10 = ☐
4) 10 + 5 = ☐
5) 4 + 10 = ☐

6) 3 + 10 = ☐
7) 10 + 6 = ☐
8) 4 + 10 = ☐
9) 8 + 10 = ☐
10) 10 + 7 = ☐

© 2017 Page A Day Math, LLC

Day 6

You are on the right track. Hurray! Keep it up!

11) 2 + 3 =
12) 3 + 8 =
13) 9 + 3 =
14) 6 + 5 =
15) 5 + 7 =
16) 9 + 4 =
17) 7 + 8 =

18) 6 + 1 =
19) 6 + 7 =
20) 9 + 9 =
21) 8 + 8 =
22) 2 + 2 =
23) 3 + 7 =
24) 6 + 7 =

Day 7

Count ⇨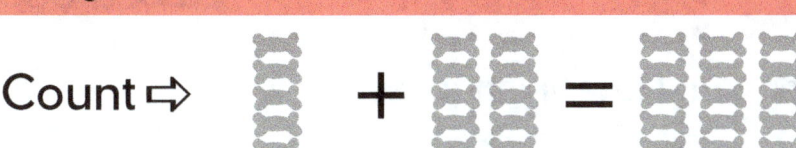

Learn ⇨ 5 + 10 = 15

Trace ⇨ 5 + 10 = 15

Copy ⇨ ☐ + ☐ = ☐

OK, now try these. Zo knows you can do it.

1) 5 + 10 =
2) 10 + 5 =
3) 3 + 10 =
4) 10 + 6 =
5) 5 + 10 =

6) 7 + 10 =
7) 9 + 10 =
8) 5 + 10 =
9) 10 + 8 =
10) 4 + 10 =

© 2017 Page A Day Math, LLC

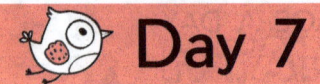 # Day 7

Terrific! Good for you. Now finish these.

11) 5 + 10 = 18) 7 + 3 =

12) 6 + 5 = 19) 10 + 2 =

13) 10 + 4 = 20) 6 + 7 =

14) 9 + 9 = 21) 3 + 10 =

15) 10 + 6 = 22) 6 + 1 =

16) 1 + 10 = 23) 4 + 4 =

17) 2 + 6 = 24) 10 + 5 =

 # Day 8 Review

Try these and review what you have learned. Awesome!

1) 7 + 4 =

2) 4 + 6 =

3) 2 + 9 =

4) 3 + 5 =

5) 4 + 8 =

6) 9 + 3 =

7) 8 + 3 =

8) 7 + 8 =

9) 3 + 4 =

10) 3 + 6 =

11) 8 + 2 =

12) 6 + 8 =

13) 6 + 10 =

14) 9 + 6 =

© 2017 Page A Day Math, LLC

Day 8 Review

You are a super hero math star. Wonderful!

15) 5 + 10 =

16) 8 + 6 =

17) 8 + 4 =

18) 5 + 5 =

19) 2 + 10 =

20) 7 + 6 =

21) 10 + 1 =

22) 5 + 3 =

23) 4 + 10 =

24) 6 + 7 =

25) 10 + 3 =

26) 7 + 8 =

27) 3 + 4 =

28) 6 + 5 =

Day 9

Count ⇨

Learn ⇨ 6 + 10 = 16

Trace ⇨ 6 + 10 = 16

Copy ⇨

You are really improving. Bark-bark.

1) 6 + 10 =

2) 10 + 6 =

3) 4 + 10 =

4) 10 + 0 =

5) 6 + 10 =

6) 10 + 5 =

7) 2 + 10 =

8) 6 + 10 =

9) 10 + 1 =

10) 3 + 10 =

Day 9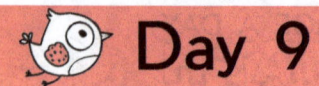

Super! You are doing so well. Yay!

11) 3 + 10 =
12) 6 + 7 =
13) 6 + 10 =
14) 7 + 8 =
15) 9 + 7 =
16) 5 + 9 =
17) 10 + 5 =

18) 4 + 6 =
19) 10 + 4 =
20) 8 + 8 =
21) 3 + 3 =
22) 6 + 10 =
23) 7 + 7 =
24) 10 + 2 =

 Day 10

Count ⇨

Learn ⇨ 7 + 10 = 17

Trace ⇨ 7 + 10 = 17

Copy ⇨

You are so determined. Good for you! Arf-arf!

1) 7 + 10 =

2) 10 + 7 =

3) 6 + 10 =

4) 10 + 3 =

5) 7 + 10 =

6) 5 + 10 =

7) 10 + 2 =

8) 7 + 10 =

9) 1 + 10 =

10) 10 + 4 =

© 2017 Page A Day Math, LLC

Day 10

You are improving. Practice makes perfect! Woof.

11) 7 + 10 =
12) 10 + 1 =
13) 9 + 7 =
14) 6 + 10 =
15) 3 + 9 =
16) 8 + 2 =
17) 7 + 10 =

18) 10 + 4 =
19) 2 + 6 =
20) 10 + 7 =
21) 5 + 2 =
22) 3 + 2 =
23) 10 + 5 =
24) 1 + 10 =

Day 11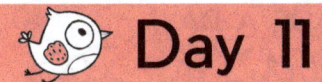

Count ⇨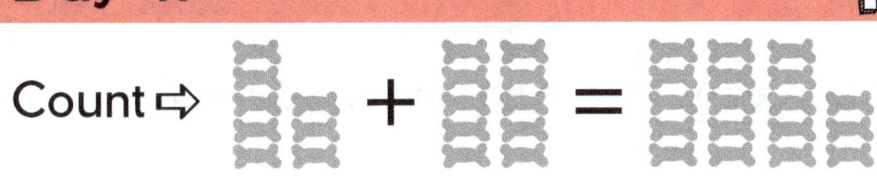

Learn ⇨ 8 + 10 = 18

Trace ⇨ 8 + 10 = 18

Copy ⇨ ☐ + ☐ = ☐

You have learned so much. Now try these.

1) 8 + 10 = ☐

2) 10 + 8 = ☐

3) 7 + 10 = ☐

4) 10 + 3 = ☐

5) 8 + 10 = ☐

6) 4 + 10 = ☐

7) 10 + 6 = ☐

8) 8 + 10 = ☐

9) 2 + 10 = ☐

10) 10 + 5 = ☐

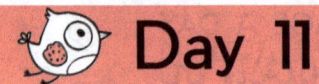 # Day 11

You make it look easy. Way to go. You are awesome.

11) 8 + 10 =   18) 10 + 1 =

12) 5 + 3 =   19) 10 + 7 =

13) 6 + 4 =   20) 5 + 6 =

14) 10 + 8 =   21) 4 + 9 =

15) 8 + 4 =   22) 8 + 10 =

16) 6 + 10 =   23) 4 + 7 =

17) 5 + 4 =   24) 2 + 7 =

Day 12 Review

You are a math star! Tremendous. Try these.

1) 5 + 10 = ☐
2) 1 + 6 = ☐
3) 0 + 10 = ☐
4) 10 + 2 = ☐
5) 4 + 9 = ☐
6) 8 + 10 = ☐
7) 8 + 8 = ☐
8) 5 + 5 = ☐
9) 10 + 4 = ☐
10) 8 + 7 = ☐
11) 7 + 10 = ☐
12) 7 + 3 = ☐
13) 10 + 3 = ☐
14) 4 + 8 = ☐

Day 12 Review

You have it now. Keep up the super effort. Go for it.

15) 9 + 4 =

16) 10 + 6 =

17) 7 + 6 =

18) 7 + 8 =

19) 9 + 7 =

20) 9 + 5 =

21) 4 + 5 =

22) 6 + 5 =

23) 6 + 3 =

24) 4 + 10 =

25) 4 + 5 =

26) 6 + 4 =

27) 4 + 3 =

28) 8 + 4 =

Day 13

Count ⇨

Learn ⇨ 9 + 10 = 19

Trace ⇨ 9 + 10 = 19

Copy ⇨

You have the hang of it. You're great at math!

1) 9 + 10 =

2) 10 + 9 =

3) 7 + 10 =

4) 10 + 4 =

5) 9 + 10 =

6) 10 + 8 =

7) 10 + 3 =

8) 9 + 10 =

9) 5 + 10 =

10) 10 + 6 =

Day 13

Nice going. You can be very proud of yourself. Wow!

11) $3 + 5 =$ ☐

12) $4 + 4 =$ ☐

13) $8 + 8 =$ ☐

14) $6 + 4 =$ ☐

15) $5 + 9 =$ ☐

16) $3 + 7 =$ ☐

17) $6 + 9 =$ ☐

18) $9 + 10 =$ ☐

19) $3 + 3 =$ ☐

20) $8 + 3 =$ ☐

21) $10 + 8 =$ ☐

22) $4 + 9 =$ ☐

23) $8 + 4 =$ ☐

24) $7 + 8 =$ ☐

Day 14

Count ⇨ 🦴🦴 + 🦴🦴 = 🦴🦴🦴🦴

Learn ⇨ 10 + 10 = 20

Trace ⇨ 10 + 10 = 20

Copy ⇨ ☐ + ☐ = ☐

You are almost done! Terrific!

1) 3 + 4 = ☐

2) 9 + 10 = ☐

3) 10 + 10 = ☐

4) 10 + 5 = ☐

5) 7 + 10 = ☐

6) 6 + 10 = ☐

7) 10 + 10 = ☐

8) 4 + 10 = ☐

9) 10 + 8 = ☐

10) 10 + 10 = ☐

Day 14

Last page! Hurray. You earned a certificate! Yippee.

11) 10 + 10 =

12) 4 + 10 =

13) 10 + 1 =

14) 7 + 10 =

15) 9 + 8 =

16) 6 + 10 =

17) 9 + 9 =

18) 8 + 5 =

19) 2 + 10 =

20) 8 + 7 =

21) 10 + 5 =

22) 4 + 7 =

23) 1 + 10 =

24) 9 + 5 =

Certificate

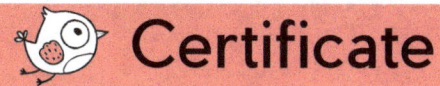

HURRAY! YOU ARE A MATH STAR!

THE MATH SQUAD CONGRATULATES _____
FOR COMPLETING **ADDITION AND COUNTING, BOOK 10.**

www.ingramcontent.com/pod-product-compliance
Lightning Source LLC
Chambersburg PA
CBHW081402080526
44588CB00016B/2573